战斗机，起飞！

王懿墨　屠正阳◎著

东千兔兔　胡佳宁◎绘

战斗机从蔚蓝的天空中划过，

留下一道长长的尾迹……

欢迎来到我们的飞行训练营！

你准备好成为

一名小小飞行员了吗？

拉-11
新中国成立初期从苏联进口的活塞式战斗机，曾在朝鲜战场上击落美军的喷气式战斗机。

歼教-1
我国自主设计制造的第一架飞机。

活塞式战斗机

这种战斗机使用活塞式发动机带动螺旋桨以产生推力，在第二次世界大战中广泛使用。

歼-8
被称为"空中美男子"的双发高空高速截击战斗机，是我国 20 世纪 80 年代至 21 世纪初战斗机的主力机型之一。

歼-5
我国制造的第一款喷气式战斗机，标志着新中国的航空工业进入了喷气时代。

歼-10
我国自主研制的第三代战斗机，代号"猛龙"，性能优良，有多种型号，是目前我国空军的主力机型之一。

战斗机是一种用于空中战斗的军用飞机，在战场上就像猎鹰一样勇猛。

指导员，战斗机是什么飞机？

这儿有好多战斗机，它们可真帅！

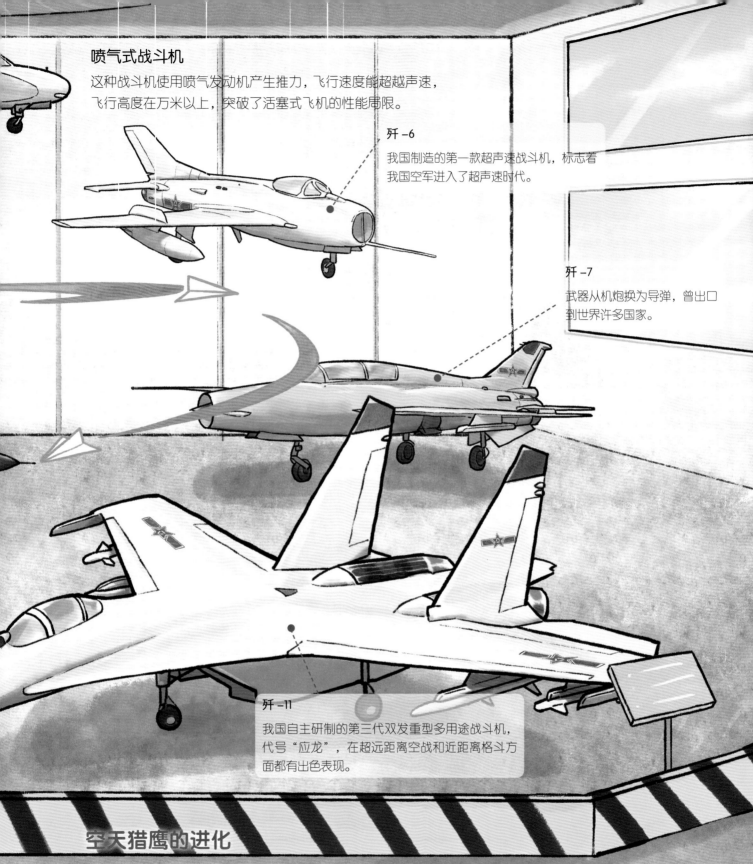

喷气式战斗机

这种战斗机使用喷气发动机产生推力，飞行速度能超越声速，飞行高度在万米以上，突破了活塞式飞机的性能局限。

歼 -6

我国制造的第一款超声速战斗机，标志着我国空军进入了超声速时代。

歼 -7

武器从机炮换为导弹，曾出口到世界许多国家。

歼 -11

我国自主研制的第三代双发重型多用途战斗机，代号"应龙"，在超远距离空战和近距离格斗方面都有出色表现。

空天猎鹰的进化

小小飞行员训练班开课啦！

每一种战斗机的诞生都需要设计者运用最先进的技术，进行千百次试验。

让我们跟着指导员来了解一下新中国战斗机的发展史吧！

红外搜索跟踪系统

通过捕获红外信号来搜索敌机的系统，可以在雷达关机时搜索目标，具有探测隐身目标的能力。

驾驶舱

战斗机的"大脑"，装有大量仪表、显示器和各类控制按钮。

前开式舱盖

舱盖从前向后开启，战斗机最常用的舱盖类型。

雷达罩

装在战斗机的前端，用来保护雷达，同时也有减阻的作用。用特殊材料制成，不会干扰雷达波。

机翼

让飞机获得升力的重要结构，下面可挂载导弹、炸弹、电子吊舱等多种武器和装备。

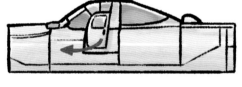

车门式舱盖

像小汽车的车门一样开启，仅用在早期双翼机和极少数螺旋桨战斗机上。

滑盖式舱盖

向后滑动开启，多用于第二次世界大战时期的螺旋桨战斗机和部分早期喷气式飞机。

经过飞行员的仔细检查，战斗机终于可以起飞啦！

战斗机的结构

战斗机起飞前，飞行员要对战斗机的所有部件和操作系统进行检查。

只有真正了解"猎鹰"，才能让它带你冲上云霄。

双垂直尾翼

能让又大又重的双发重型战斗机拥有不亚于轻型战斗机的机动性。

检查一定要仔细，不把问题带上天！

水平尾翼

位于机身尾部，能控制战斗机抬头和低头，直接决定战斗机空中格斗时将机头对准敌人的速度。

空速管

测定飞机空速的装置。空速指飞机相对空气移动的速度，直接影响飞机飞行时的升力，是飞行员需要关注的重要飞行指标之一。

起飞！

背鳍

位于座舱盖后部，呈流线型，内部安装电子设备或油箱。

尾椎

位于双发战斗机两台发动机中间，可安装干扰弹发射装置和减速伞等。

尾喷管

喷射尾焰的部件，用来喷射高温气体，为飞机提供推力。矢量发动机的尾喷管还能调节喷射方向。

5

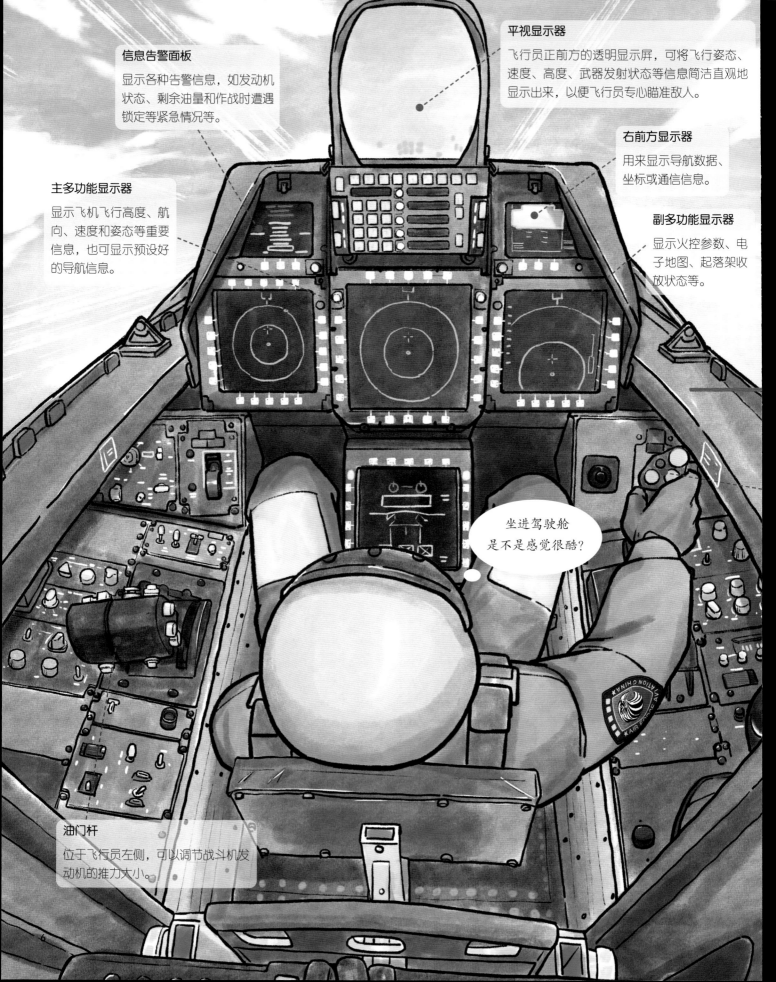

战斗机的驾驶舱

战斗机驾驶舱是飞行员最熟悉的地方，
让我们看看它是什么样的。
这里空间很小，安装有各种各样的设备，
飞行员坐进去后就更拥挤了。

单座型战斗机

只有一个驾驶席。

风挡

驾驶舱外部的玻璃，生产工艺极
为复杂，不仅耐高温高压、防弹，
还有优越的光学性能。

双座型战斗机

有前后两个驾驶席。由单座型战
斗机发展而来，平时可作为高级
教练机，用来执行训练任务。

那架战斗机有两
个座位，咱俩可
以一起开吗？

驾驶杆

操纵飞机的主要设备，装有
平视显示器切换、雷达切换、
武器发射等按钮。

咱俩都不会，
怎么开？

单发战斗机

只有一台发动机，大多
是轻型或中型战斗机。

双发战斗机

装有两台发动机，速度更
快，大多是重型战斗机。

双座型战斗机驾驶员分工

战斗时，双座型战斗机既能由单人操纵，也可由双人联合操纵——前座负责驾驶，后座负责攻击，能执行很多
单座型战斗机难以执行的任务。

战斗机的"空中漂移"

我们的战斗机在发动机震耳欲聋的轰鸣声中高速滑行，腾空而起。

战斗机可以做出好多帅气的飞行动作，甚至还能在空中翻跟头，

这些动作都是怎么做出来的呢？

像是看透了我们的心思，指导员从后座递过来一个文件夹："这里有飞行操作秘诀！"

方向舵
用来调整飞机的飞行方向。

襟副翼
一种将襟翼和副翼合并在一起的结构，一般需要高速飞行的飞机会采用这种结构。

升降舵
帮助飞机抬头爬升或低头俯冲，以调整飞机的飞行高度。

理解飞行的原理并不难，但想熟练地操纵飞机做出对应的动作就是另一回事了。

世上无难事，只要你认真刻苦地学习和训练，那就不难。

操纵战斗机到底难不难？

向左翻滚

飞行员向左扳动驾驶杆时，右襟副翼向下偏转，右机翼受气流影响上升；左襟副翼向上偏转，左机翼受气流影响下降。飞机向左翻滚。

向右翻滚

飞行员向右扳动驾驶杆时，右襟副翼向上偏转，右机翼受气流影响下降；左襟副翼向下偏转，左机翼受气流影响上升。飞机向右翻滚。

是时候了解如何操纵战斗机了，来看图吧！

滚转（X）

飞行员左右扳动驾驶杆，襟副翼上下翻动，飞机绕 X 轴旋转，做出左右翻滚动作。

俯仰（Y）

飞行员前后推拉驾驶杆，控制升降舵上下翻动，飞机绕 Y 轴旋转，机头下压或上抬。

偏航

偏航（Z）

飞行员用脚一前一后蹬舵，控制垂直尾翼上的方向舵左右摆动，飞机在高度不变的情况下绕 Z 轴旋转，控制机头左右摆动。

滚转

俯仰

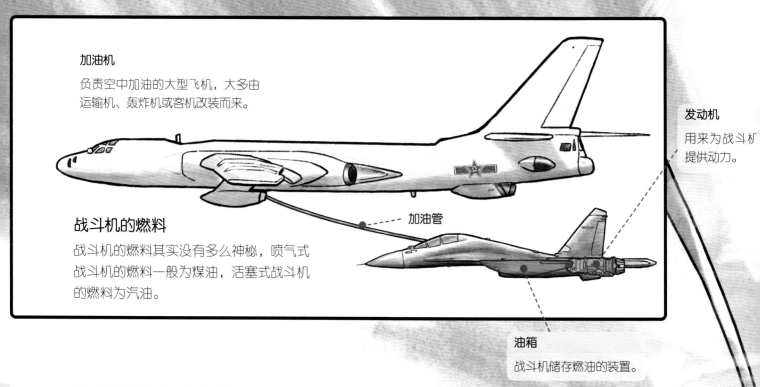

加油机

负责空中加油的大型飞机，大多由运输机、轰炸机或客机改装而来。

发动机

用来为战斗机提供动力。

加油管

战斗机的燃料

战斗机的燃料其实没有多么神秘，喷气式战斗机的燃料一般为煤油，活塞式战斗机的燃料为汽油。

油箱

战斗机储存燃油的装置。

战斗机的空中加油

为了加速赶往目的地，
指导员将发动机切换到"加力"模式。
瞬间，一股"天火"从尾喷管喷出。
那是战斗机加速飞行时喷出的高温尾焰。
这种模式会消耗大量燃料，
幸好空中加油机及时赶来了。

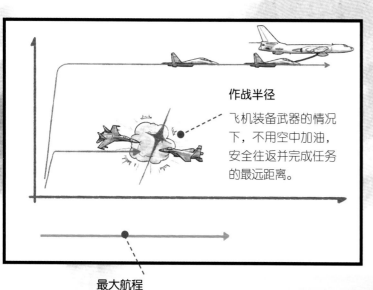

作战半径

飞机装备武器的情况下，不用空中加油，安全往返并完成任务的最远距离。

最大航程

战斗机加满油，在无风和标准大气压的条件下，用最节省燃料的方式能够到达的最远距离。仅为理论数值。

空中加油

加油机为战斗机补充燃料的过程。可以让战斗机飞得更远，实现持续作战。

我的燃料告急了，急需空中加油。

加油管已放出，
飞稳点儿，
马上开始加油。

浮锚
从加油机的吊舱甩出的像喇叭一样
的装置，中间是加油口，具有一定
的稳定性，以便与受油杆对接。

受油杆
战斗机的空中加油装置，只有成功与浮锚
对接才能为飞机进行空中加油。空中加油
对飞行员的技术要求很高，飞行员需要经
过专门训练才能完成任务。

"天火"的原理
为了大幅提高推力，处于"加力"模式时，战斗机
的发动机会向后喷出额外的燃料，这些燃料被尾喷
管的高温引燃，形成"天火"。由于油耗过大，发
动机的这种模式通常只能持续几分钟。

抢先锁定敌机，发射
导弹，先发制人。

看我先打掉
一架敌机！

有源相控阵雷达

比常规的扫描雷达探测距
离更远，能同时发现和处
理多个目标，除了能探测
空中目标，还能探测地面
和水面目标。

发现敌机混合编队，
准备战斗！

战斗机的"眼睛"——机载雷达

"嘟——嘟——"，
雷达接收器中响起了发现目标的告警声。
雷达是战斗机的"眼睛"，
可以准确识别并锁定空中与地面的目标。
指导员向编队各机下达了作战指令。

战术干扰接收机

能够捕捉敌方电子信号、
拦截敌方通信信息、测量
相关数据的电子设备。

电子干扰吊舱

负责对敌人实施电子干
扰，会让敌方的雷达和
通信系统失去作用。

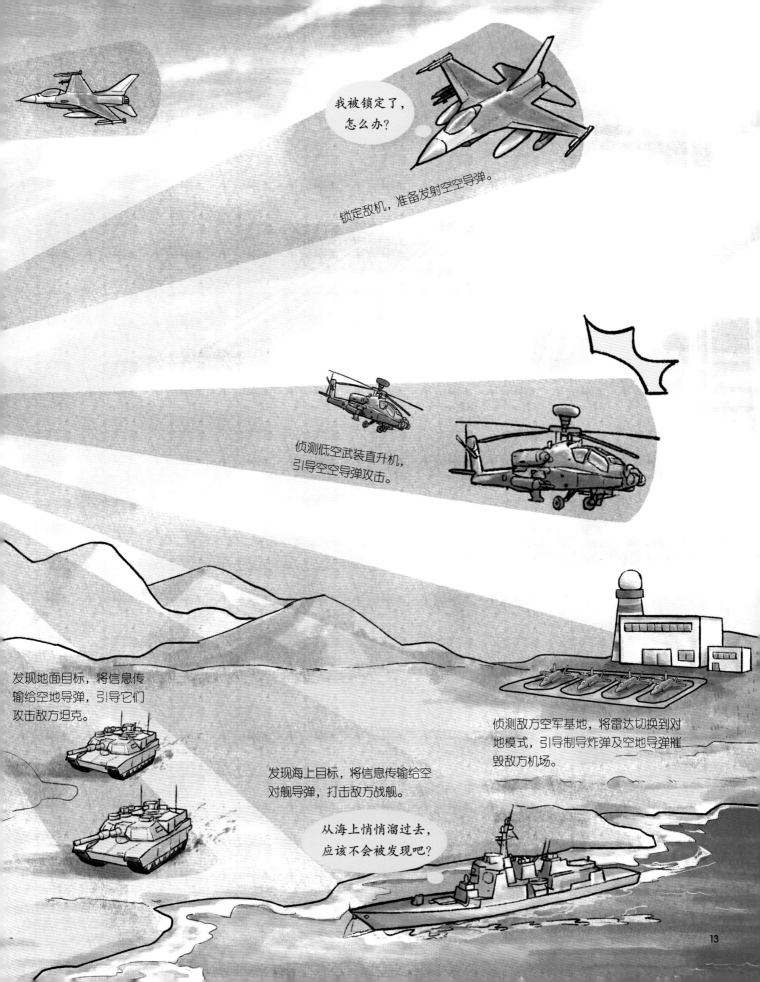

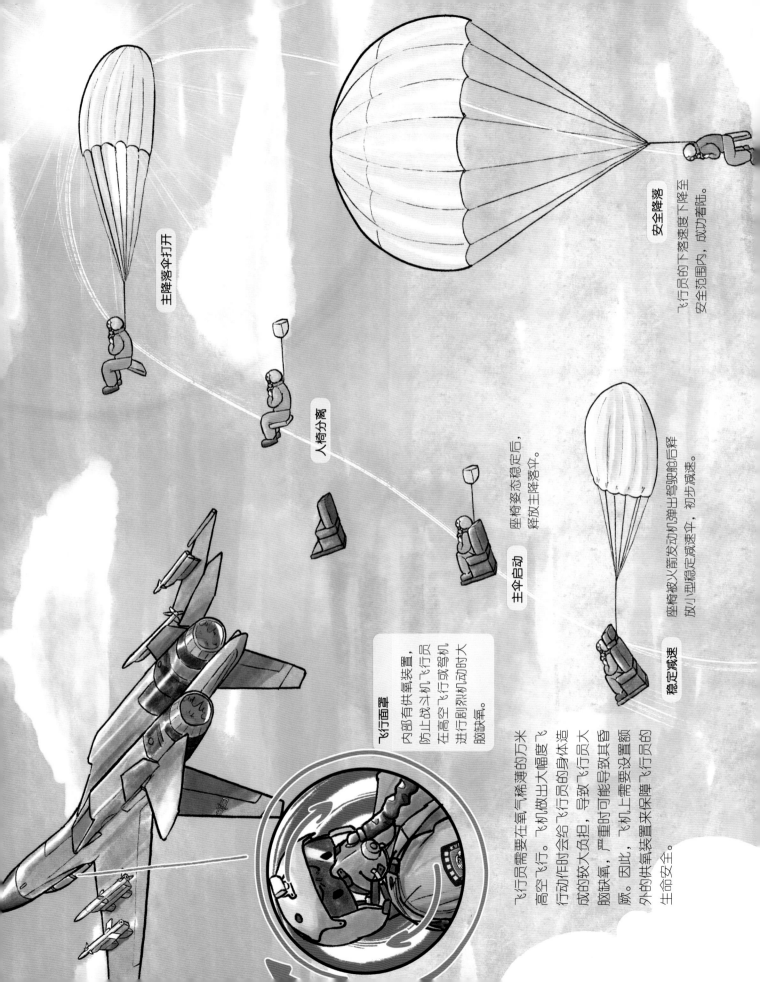

主降落伞打开

人椅分离

安全降落

飞行员的下落速度下降至安全范围内，成功着陆。

主伞启动

座椅姿态稳定后，释放主降落伞。

稳定减速

座椅被火箭发动机弹出驾驶舱后释放小型稳定减速伞，初步减速。

飞行面罩

内部有供氧装置，防止战斗机飞行员在高空飞行或驾机进行剧烈机动时大脑缺氧。

飞行员需要在氧气稀薄的万米高空飞行。飞机做出大幅度飞行动作时会给飞行员的身体造成较大负担，导致飞行员大脑缺氧，严重时可能导致其智厥。因此，飞机上需要设置额外的供氧装置来保障飞行员的生命安全。

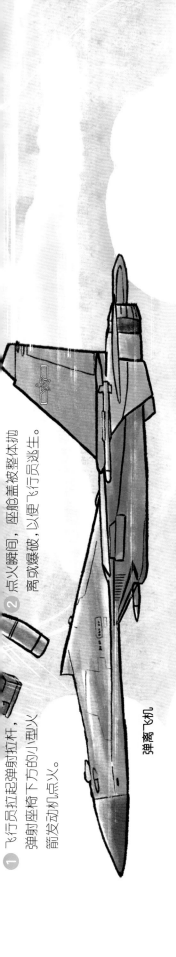

① 飞行员拉起弹射拉杆，弹射座椅下方的小型火箭发动机点火。

② 点火瞬间，座舱盖被整体抛离或爆破，以便飞行员逃生。

弹离飞机

险中求生

经过一场激战，胜利后的我们踏上了返航的路程。

这时我们才发现，肚子已经饿得咕咕叫了。

指导员给了我们一袋远航巧克力，我们一边补充能量，一边听指导员讲述飞行员的生存技能和知识。

远航巧克力

应急食品，呈球状，吃起来一口为一个，十分方便，可为执行长距离飞行任务的飞行员补充体力。

先吃点儿巧克力补充体力，等一下回到基地就可以吃大餐了。

远航 巧克力

我会驾驶多种机型的战
斗机，你想看我飞哪架？
随便挑！

我飞得可快了，
看的时候可别眨眼。

听说战斗机飞行员
都是精英，他们的水
平到底有多高呢？

选择猎鹰，飞向蓝天！

好了，该来点儿真格的了。

看，几名飞行员正向我们走来。

接下来，看看他们的战斗装备都有哪些。

飞行手套

飞行员驾驶飞机时佩戴的专用手套。飞机上的操纵按钮排列得很密集，因此需要佩戴手套避免手出汗打滑，导致操作失误。

飞行等级证章

抗眩晕训练

飞行员只有经过专门的训练，才不会在天空中驾机做翻滚等动作时眩晕。

飞行头盔

可以保护飞行员的头部，里面装有通信设备。

手枪

飞行员的自卫武器。

模拟驾驶

飞行模拟器可以还原战斗机的实际操作，飞行员需要在模拟器上完成所有科目的训练，熟悉操作后才能驾驶真正的战斗机。

抗荷服

特制的飞行服，在飞机高速飞行或做出大幅度飞行动作时，里面的气囊会自动充气，保护飞行员。

腿袋

位于大腿前方，可以装小型电脑、通话设备及其他随身物品，方便飞行员坐在驾驶舱里时拿取。

便携式电脑

可以存储一些任务信息和数据，具备防水防摔功能。

飞行臂章和飞行等级证章

飞行员的臂章用于识别所属部队，为盾形章。飞行等级证章有 4 个等级，分别为特级、一级、二级、三级，用证章中心的红色符号来表示。在航校的飞行学员由于不参加评级，其证章中心为空白。

就用这些武器，让敌机有来无回！

射击瞄准具

位于驾驶舱前方，能够让战斗机的机炮瞄准射击。在现代战机上，它的功能已被平视显示器兼容。

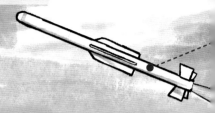

空中"格斗家"——战斗机

战斗机拥有强大的性能，能做出各种高难度动作，
擅长对空作战，是空中的"格斗家"。
战斗机也可以装备对地、对舰武器，执行多种任务。

注意 6 点方向！

飞行员常用时钟方位来表示自己与敌机的相对方位，以机头指向为 12 点，机尾指向为 6 点。
如果飞行员说"我被咬 6 点"，就表示他正被敌机从正后方追击。

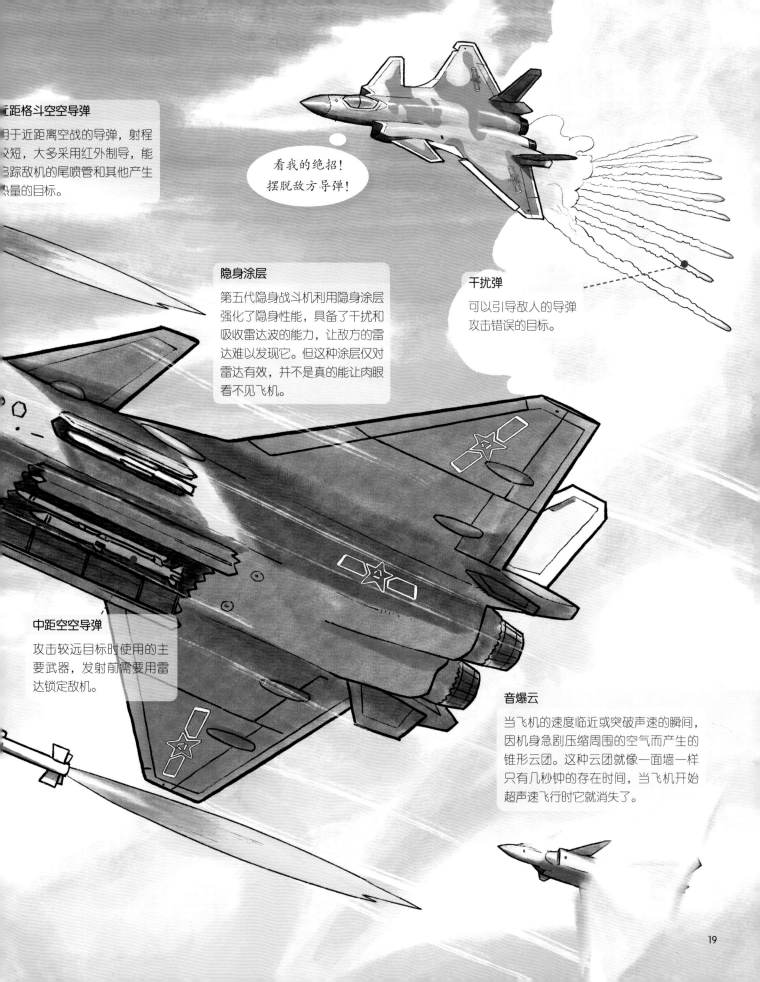

近距格斗空空导弹

用于近距离空战的导弹，射程较短，大多采用红外制导，能跟踪敌机的尾喷管和其他产生热量的目标。

看我的绝招！
摆脱敌方导弹！

隐身涂层

第五代隐身战斗机利用隐身涂层强化了隐身性能，具备了干扰和吸收雷达波的能力，让敌方的雷达难以发现它。但这种涂层仅对雷达有效，并不是真的能让肉眼看不见飞机。

干扰弹

可以引导敌人的导弹攻击错误的目标。

中距空空导弹

攻击较远目标时使用的主要武器，发射前需要用雷达锁定敌机。

音爆云

当飞机的速度临近或突破声速的瞬间，因机身急剧压缩周围的空气而产生的锥形云团。这种云团就像一面墙一样只有几秒钟的存在时间，当飞机开始超声速飞行时它就消失了。

激光制导炸弹

在专门的激光照射器的引导下，可以自动朝目标飞去的炸弹，可以说是"指哪儿打哪儿"。

它可是战斗机中的"多面手"，携带了各种独门武器。

不行了，撤退！

火力太猛了！
我喜欢它！

强攻 "多面手" ——战斗轰炸机

各机组注意，开始轰炸！

看，正对敌方坦克进行猛烈轰炸的就是战斗轰炸机。

它不仅能对地面和海上的目标展开猛烈攻击，还能进行空中格斗。

在战场上，敌方地面部队和舰艇部队一般装备防空导弹，

所以我们要靠战斗轰炸机消灭它们。

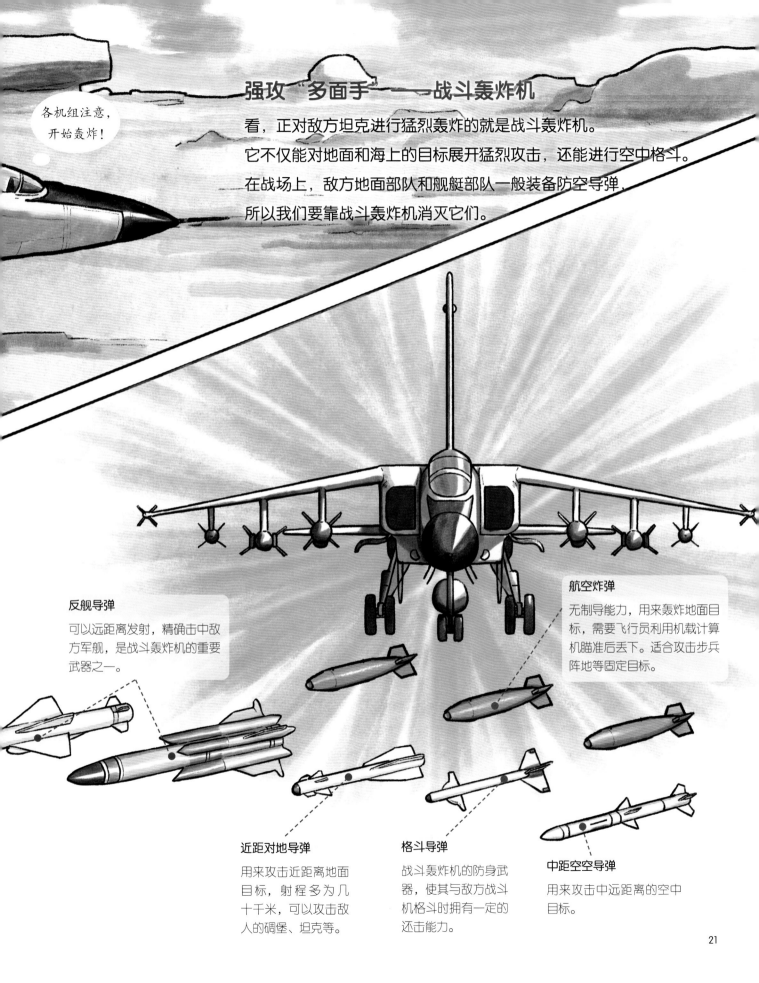

反舰导弹

可以远距离发射，精确击中敌方军舰，是战斗轰炸机的重要武器之一。

航空炸弹

无制导能力，用来轰炸地面目标，需要飞行员利用机载计算机瞄准后丢下。适合攻击步兵阵地等固定目标。

近距对地导弹

用来攻击近距离地面目标，射程多为几十千米，可以攻击敌人的碉堡、坦克等。

格斗导弹

战斗轰炸机的防身武器，使其与敌方战斗机格斗时拥有一定的还击能力。

中距空空导弹

用来攻击中远距离的空中目标。

与普通的战斗机不同，舰载战斗机降落时会把油门推到最大，如果尾部的挂钩没有钩到拦阻索，它还有机会快速起飞离开飞行甲板，否则就有危险了！

滑跃式甲板
前端是向上倾斜的，舰载战斗机在这里滑跃起飞。

光学助降系统
帮助舰载机安全降落的装置。

金头盔和金飞镖
空军的重要比赛奖项，飞行员在自由空战竞赛性考核中获胜即被允许佩戴金色头盔，并获得"空战能手"奖杯。战斗轰炸机组也会进行对地突防突击竞赛性考核，优胜者会获得外形像金色飞镖的"突击能手"奖杯。

只有飞行员中的精英才能获得奖项。

舰载战斗机飞行员和舰长
航空母舰的甲板跑道比普通机场的跑道短多了。因此，飞行员也必须经过更加严格的训练才能驾驶舰载战斗机，这些舰载战斗机飞行员被称为"刀尖上的舞者"。舰载战斗机飞行员除了需要拥有高超的驾驶技术，还要有指挥能力，他们中的佼佼者往往会成为航空母舰的舰长。

舰载战斗机——翱翔海空的尖兵

我们飞到了大海上空，
海面上竟然出现了一座"移动机场"，
快看，上面还有战斗机正在起飞。
"那是航空母舰，上面起飞的战斗机是特别研制的舰载战斗机。"

战斗机维修

战斗机出现故障时或经过一定飞行
小时数后，就需要在机库中进行维
修。地勤人员会把雷达罩等打开，
对飞机进行全面检查。

拖车

用来在地面将战斗
机牵引到指定位置
的特种车辆。

猎鹰之巢——地面基地

空军基地里，执行完任务的战斗机排成一排。

地勤人员正忙得热火朝天，

为准备再次出击的战斗机及时加油、补弹。

对出现故障的战斗机集中维修，也是地勤人员的工作。

多机编队

战斗机编队通常包括双机编队、三机编队、四机编队和多机编队等，其中双机编队是基本队形。

失速

飞机的升力是由气流对机翼产生的，如果飞机的速度降至一定程度，升力不足以维持飞机的飞行姿态，这种情况即为失速。普通飞机的飞行员要极力避免失速，但战斗机的飞行员偶尔也会利用失速的状态来创造接近极限的空中格斗条件。

壮观的特技编队飞行背后有每一名飞行员付出的汗水。

伊玛曼机动

德国飞行员伊玛曼创造的一个动作。战斗机在高速飞行过程中，突然以头部几乎竖直的姿态向上爬升，同时完成一个180°的横滚。到达极限高度时战斗机再翻个身，恢复到正常飞行状态。

战鹰，出动！

我们的战斗机经过地勤人员维护后以最佳状态起飞了，它们组成编队，在空中施展飞行技术！

横滚机动

飞机在空中做螺旋状飞行，这个动作是战斗机空中格斗的常用动作，常与其他动作配合使用。

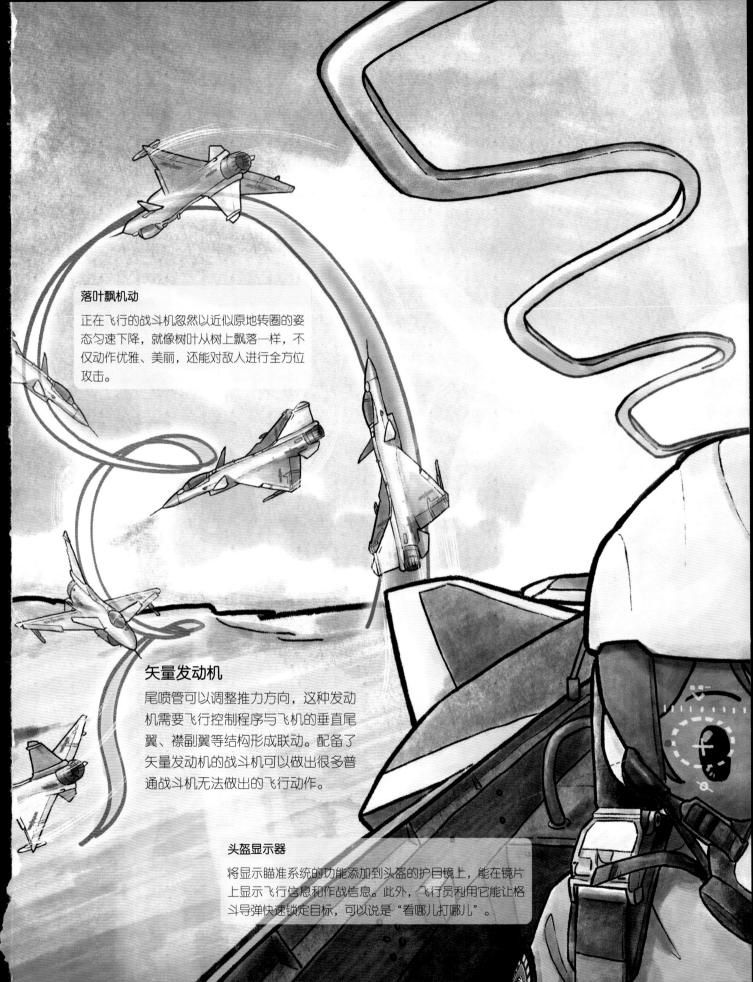

落叶飘机动

正在飞行的战斗机忽然以近似原地转圈的姿态匀速下降，就像树叶从树上飘落一样，不仅动作优雅、美丽，还能对敌人进行全方位攻击。

矢量发动机

尾喷管可以调整推力方向，这种发动机需要飞行控制程序与飞机的垂直尾翼、襟副翼等结构形成联动。配备了矢量发动机的战斗机可以做出很多普通战斗机无法做出的飞行动作。

头盔显示器

将显示瞄准系统的功能添加到头盔的护目镜上，能在镜片上显示飞行信息和作战信息。此外，飞行员利用它能让格斗导弹快速锁定目标，可以说是"看哪儿打哪儿"。

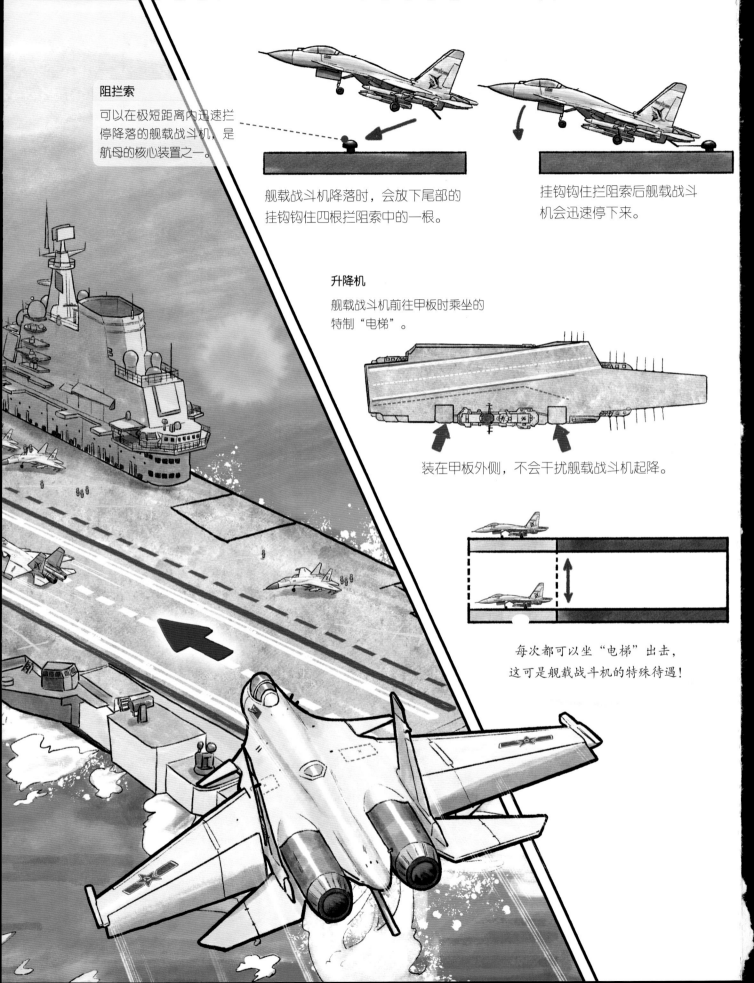

阻拦索

可以在极短距离内迅速拦停降落的舰载战斗机，是航母的核心装置之一。

舰载战斗机降落时，会放下尾部的挂钩钩住四根拦阻索中的一根。

挂钩钩住拦阻索后舰载战斗机会迅速停下来。

升降机

舰载战斗机前往甲板时乘坐的特制"电梯"。

装在甲板外侧，不会干扰舰载战斗机起降。

每次都可以坐"电梯"出击，这可是舰载战斗机的特殊待遇！

降落

战斗机打开减速伞，安全降落在跑道上。

"勇敢的小飞行员，恭喜你们获得闪闪发光的勋章。

期待你们未来能成为真正的空军战士，驾驶战斗机在天空翱翔！"

减速伞

战斗机着陆时用来减速的装置，在主起落架落地后才能打开，可以迅速将战斗机的速度降至安全范围，缩短战斗机着陆时的滑跑距离。

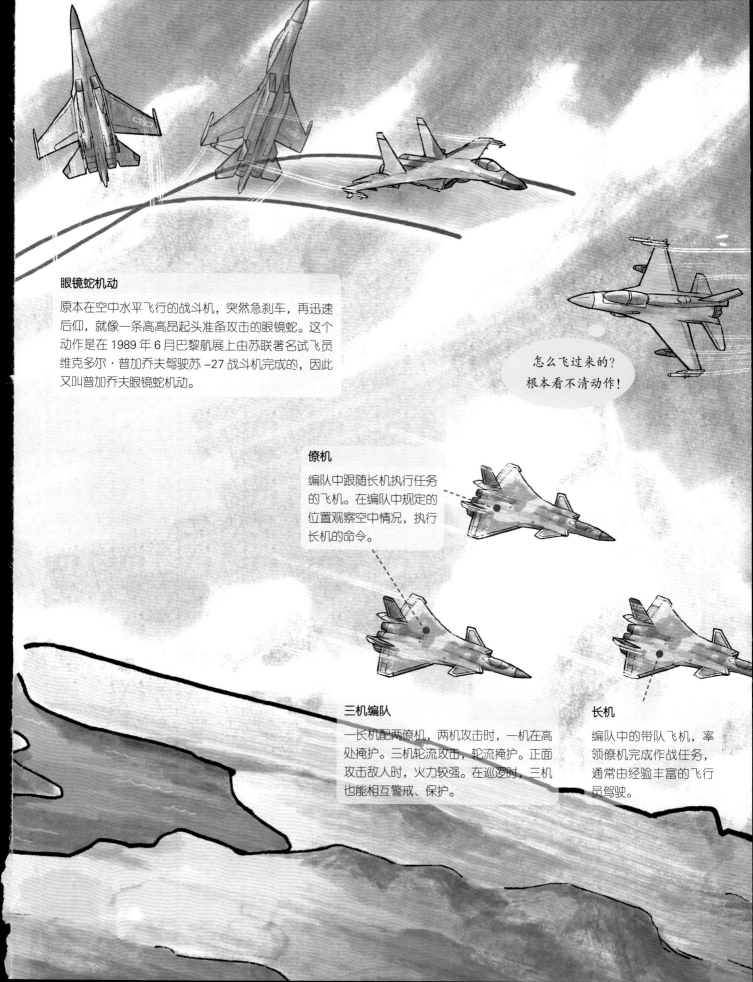

眼镜蛇机动

原本在空中水平飞行的战斗机，突然急刹车，再迅速后仰，就像一条高高昂起头准备攻击的眼镜蛇。这个动作是在 1989 年 6 月巴黎航展上由苏联著名试飞员维克多尔·普加乔夫驾驶苏–27 战斗机完成的，因此又叫普加乔夫眼镜蛇机动。

怎么飞过来的？根本看不清动作！

僚机

编队中跟随长机执行任务的飞机。在编队中规定的位置观察空中情况，执行长机的命令。

三机编队

一长机配两僚机，两机攻击时，一机在高处掩护。三机轮流攻击，轮流掩护。正面攻击敌人时，火力较强。在巡逻时，三机也能相互警戒、保护。

长机

编队中的带队飞机，率领僚机完成作战任务，通常由经验丰富的飞行员驾驶。

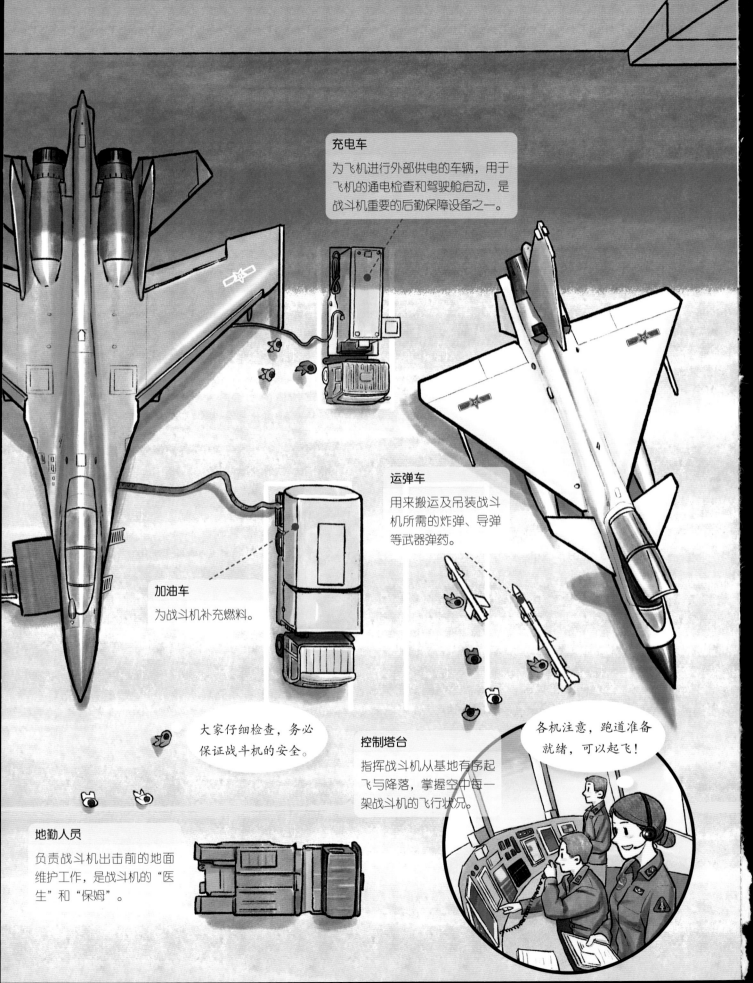

充电车

为飞机进行外部供电的车辆，用于飞机的通电检查和驾驶舱启动，是战斗机重要的后勤保障设备之一。

运弹车

用来搬运及吊装战斗机所需的炸弹、导弹等武器弹药。

加油车

为战斗机补充燃料。

大家仔细检查，务必保证战斗机的安全。

控制塔台

指挥战斗机从基地有序起飞与降落，掌握空中每一架战斗机的飞行状况。

各机注意，跑道准备就绪，可以起飞！

地勤人员

负责战斗机出击前的地面维护工作，是战斗机的"医生"和"保姆"。

"我是中国空军，你即将进入中国领空，立即离开，立即离开。"

这是中国飞行员对即将进入中国领空的外国飞机发出的警告。

2001年4月1日8时55分，美军一架侦察机侵犯我国南海上空，被我机警告后，仍然继续飞行。为捍卫祖国领空，我军飞行员王伟驾驶战机进行拦截，壮烈牺牲。

20年过去了，我们仍然记得一架编号为81192的战机和一名捍卫祖国领空的英雄——王伟。

那么小朋友们，你们知道什么是领空吗？

领空是指一个国家的领陆、内水和领海的上空，是一国领土的组成部分。我国的陆地面积为960万平方千米，内海和边海的水域面积约470万平方千米，我国的领空就是陆地再加上内海和边海水域的上空的总和。

每个国家都有自己的领空权，外国的飞机和其他航空器未经许可，不得在本国的领空飞行。

一个国家的领空由谁来保护呢？答案是空军。

空军是陆海空三军当中成立最晚的军种。第一次世界大战结束之后，许多国家认识到空军的重要性，纷纷成立了独立的空军，承担起国土防空、支援陆军和海军、实施空袭、进行空运和航空侦察等任务。

中国人民解放军空军于1949年11月11日建立，不仅承担了国土防空的任务，还承担着经略空天的任务，可以说是空天一体、攻防兼备。经过70多年的努力和建设，经过几代人的拼搏，中国空军的实力得到了飞速发展。近15年来我国空军装备逐渐由歼-6、歼-7、歼-8换装为歼-10、歼-16、歼-20等三代、四代新型战机。除此，大型运输机、空中预警机和大型加油机都有了快速发展，我国空军还构建了红旗-9、红旗-16、红旗-17防空导弹系统等，从而形成了难以突破的防御体系。

这套书的主角是中国的重要空军装备，包括战斗机、轰炸机和运输机等，以"小机长"参加空军演习任务为故事主线，将战斗机的装备原理及起降方式、轰炸机的作战样式、运输机的主要构造等专业难懂的知识，以及空军战士的工作和生活等场景，用孩子们易于理解和接受的方式，进行了生动翔实的说明。同时，这套书还为孩子们解答了有关空军装备的"十万个为什么"：战略运输机是什么？空降兵部队登机前都做哪些准备？战斗机都有哪些空中特技动作？轰炸机能飞多远，怎样攻击敌人？……

在进行知识科普的同时，书中还展现了中国空军的责任和担当，培养孩子们乐观奋进、勇于担当等优良品质。通过阅读这套书，小读者们能够了解大国重器的价值，全面了解我国空军的科技成就，从小树立远大理想，争做有本领、有担当的时代新人。

著名军事专家
中国人民解放军战略支援部队航天工程大学原副校长
陆军少将　刘建